1 大きな数（1）

1000万を10こ集めた数を **一億**（100000000）といいます。1億を10こ集めた数を **十億**、10億を10こ集めた数を **百億**、100億を10こ集めた数を **千億** といいます。

10こ集めることは、10倍することと同じです。10倍するごとに、一億、十億、百億、千億となります。

1 日本の人口は 12560 万人です。(UNFPA 世界人口白書 2022)

一	千	百	十	一	千	百	十
億				万			
1	2	5	6	0	0	0	0

① 読んでみましょう。

(　　　　　　　　　　　　　　　)人

② 漢字でかきましょう。

(　　　　　　　　　　　　　　　)人

2 0、1、2、……、7、8、9までの数を1回ずつ使って100億に近い数をかきましょう。

(　　　　　　　　　　　　　　　)

2　大きな数（2）

1000億を10こ集めた数を **一兆**（1000000000000）といいます。10倍ごとに **十兆、百兆、千兆** となります。

＊　次の数を数字だけでかきましょう。

① 75億6780万9214

千	百	十	一	千	百	十	一	千	百	十	一	千	百	十	一
		兆				億				万					

（　　　　　　　　　　）

② 138億5070万8000

（　　　　　　　　　　）

③ 97兆5068億50万

千	百	十	一	千	百	十	一	千	百	十	一	千	百	十	一
		兆				億				万					

（　　　　　　　　　　）

④ 780兆3852億700万

（　　　　　　　　　　）

3 大きな数（3）

47億を10倍すると470億に、100倍すると4700億になります。

1 次の数を10倍しましょう。

① 28億

（　　　　　　　　　）

② 680億

（　　　　　　　　　）

③ 7620億

（　　　　　　　　　）

④ 8兆6200億

（　　　　　　　　　）

2 次の数を100倍しましょう。

① 3000万

（　　　　　　　　　）

② 4億

（　　　　　　　　　）

③ 850億

（　　　　　　　　　）

④ 3兆5000億

（　　　　　　　　　）

4700億の $\frac{1}{10}$ は470億で、$\frac{1}{100}$ は47億になります。

4 大きな数（4）

1 次の数の $\frac{1}{10}$ の数をかきましょう。

① 16億

（　　　　　　　　　）

② 320億

（　　　　　　　　　）

③ 8600億

（　　　　　　　　　）

④ 9兆3000億

（　　　　　　　　　）

2 次の数の $\frac{1}{100}$ の数をかきましょう。

① 4000万

（　　　　　　　　　）

② 53億

（　　　　　　　　　）

③ 4800億

（　　　　　　　　　）

④ 5兆4200億

（　　　　　　　　　）

3 次の数をかきましょう。

① 1億を210こ集めた数。　（　　　　　　　　　）

② 1億を9203こ集めた数。　（　　　　　　　　　）

③ 1兆を59こ集めた数。　（　　　　　　　　　）

④ 1兆を873こ集めた数。　（　　　　　　　　　）

わり算の筆算 （÷1けた）（1）

```
      2 4
  3 ) 7 2
      6
      1 2
      1 2
          0
```

7÷3で、2を …… たてる
3×2＝6　　　　　かける
7−6＝1　　　　　ひく
2を　　　　　　　おろす
12÷3で、4を……たてる
3×4＝12　　　　かける
12−12＝0　　　　ひく

＊　次の計算をしましょう。

①

②

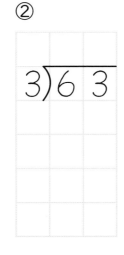

③

6 わり算の筆算（÷1 けた）（2）

✳ 次の計算をしましょう。

①

$$4\overline{)75}$$

②

$$3\overline{)82}$$

③

$$2\overline{)47}$$

④

$$4\overline{)86}$$

⑤

$$2\overline{)69}$$

⑥

$$5\overline{)56}$$

わり算の筆算（÷1けた）（3）

✳ 次の計算をしましょう。

①
$$5 \overline{\smash{)}735}$$

②
$$3 \overline{\smash{)}567}$$

③
$$2 \overline{\smash{)}374}$$

④
$$4 \overline{\smash{)}536}$$
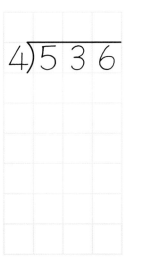

⑤
$$6 \overline{\smash{)}852}$$
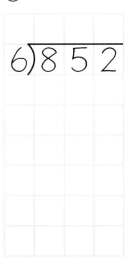

⑥
$$7 \overline{\smash{)}924}$$

わり算の筆算（÷1 けた）（4）

✳ 次の計算をしましょう。

①

```
  _____
3)5 2 3
```

②

③

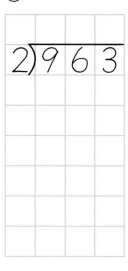

④

```
  _____
2)5 3 7
```

⑤

```
  _____
3)8 5 3
```

⑥

わり算の筆算（÷1けた）（5）

月　　日

✳ 次の計算をしましょう。

①

```
 3)612
```

②

```
 4)824
```

③

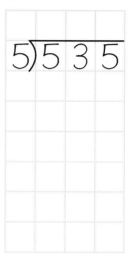

```
 5)535
```

④

```
 2)608
```

⑤

```
 6)630
```

⑥

```
 4)428
```

月　日

＊ 次の計算をしましょう。

①
$$8\overline{)960}$$

②
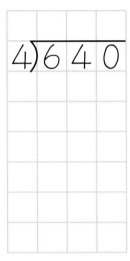
$$4\overline{)640}$$

③

$$2\overline{)840}$$

④
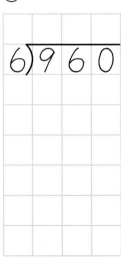
$$6\overline{)960}$$

⑤

$$4\overline{)840}$$

⑥
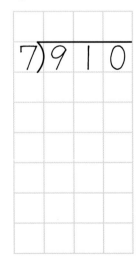
$$7\overline{)910}$$

月　日

11 わり算の筆算（÷1けた）（7）

＊ 次の計算をしましょう。

①

$6\overline{)204}$

②

$9\overline{)333}$

③

$7\overline{)315}$

④

$4\overline{)184}$

⑤

$3\overline{)192}$

⑥

$8\overline{)552}$

わり算の筆算（÷1けた）（8）

✳ 次の計算をしましょう。

①

$6)\overline{103}$

②

$8)\overline{142}$

③

$7)\overline{128}$

④

$6)\overline{236}$

⑤

$9)\overline{227}$

⑥

$7)\overline{415}$

13 わり算の筆算（÷2けた）（1）

96 ÷ 32 の計算は、十の位^{くらい}を見て 9 ÷ 3 から商 3 をたてます。

```
        3
3 A)9 A
```

```
        3
3 2)9 6
    9 6
      0
```

＊ 次の計算をしましょう。

①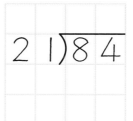

```
1 2)4 8
```

②

```
2 1)8 4
```

③

```
4 4)8 8
```

④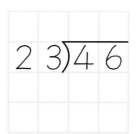

```
2 6)5 2
```

⑤

```
2 3)4 6
```

⑥

```
2 4)9 6
```

14 わり算の筆算（÷2けた）（2）

✱　次の計算をしましょう。

① 　　　　　　　　② 　　　　　　　　③

$$2\,1\,)\overline{6\,5}$$　　$$2\,0\,)\overline{8\,5}$$　　$$3\,2\,)\overline{9\,7}$$

④ 　　　　　　　　⑤ 　　　　　　　　⑥

$$2\,2\,)\overline{5\,4}$$　　$$4\,1\,)\overline{9\,3}$$　　$$3\,1\,)\overline{9\,6}$$

⑦ 　　　　　　　　⑧ 　　　　　　　　⑨

$$3\,4\,)\overline{8\,5}$$　　$$2\,4\,)\overline{9\,8}$$　　$$2\,2\,)\overline{8\,9}$$

15 わり算の筆算（÷2けた）（3）

月　日

* 次の計算をしましょう。

① 14)44

② 12)32

③ 15)38

④ 25)73

⑤ 27)67

⑥ 13)59

⑦ 29)63

⑧ 38)93

⑨ 23)84

わり算の筆算（÷2 けた）（4）

月　　日

＊ 次の計算をしましょう。

①

$$17\overline{)32}$$

②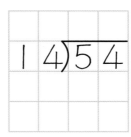

$$14\overline{)54}$$

③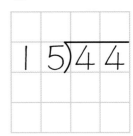

$$15\overline{)44}$$

④

$$13\overline{)76}$$

⑤

$$28\overline{)83}$$

⑥

$$14\overline{)41}$$

⑦

$$17\overline{)58}$$

⑧

$$13\overline{)50}$$

⑨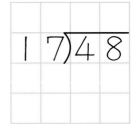

$$17\overline{)48}$$

わり算の筆算（÷2けた）（5）

✳ 次の計算をしましょう。

①
$$32 \overline{)256}$$

②
$$42 \overline{)252}$$

③
$$74 \overline{)222}$$

④
$$57 \overline{)399}$$

⑤
$$46 \overline{)184}$$

⑥
$$56 \overline{)168}$$

わり算の筆算（÷2 けた）（6）

✳ 次の計算をしましょう。

①

```
46)156
```

②

```
79)197
```

③

```
93)381
```

④

```
67)411
```

⑤

```
62)453
```

⑥

```
87)452
```

わり算の筆算（÷2けた）（7）

月　日

＊　次の計算をしましょう。

①

```
    ___
23)184
```

②

```
    ___
25)125
```

③

```
    ___
35)280
```

④

```
    ___
48)288
```

⑤

```
    ___
15)120
```

⑥

```
    ___
18)144
```

月　日

20 わり算の筆算（÷2 けた）(8)

＊ 次の計算をしましょう。

①

$$28\overline{)118}$$

②

$$25\overline{)107}$$

③

$$35\overline{)293}$$

④

$$46\overline{)369}$$

⑤

$$39\overline{)159}$$

⑥

$$69\overline{)563}$$

わり算の筆算 （÷2けた）（9）

＊　次の計算をしましょう。

①
$$38\overline{)342}$$

②
$$18\overline{)162}$$

③
$$24\overline{)216}$$

④
$$34\overline{)306}$$

⑤
$$53\overline{)477}$$

⑥
$$68\overline{)612}$$

わり算の筆算 （÷2けた）（10）

✳ 次の計算をしましょう。

①
```
66)623
```

②
```
53)516
```

③
```
34)323
```

④
```
86)824
```

⑤
```
43)426
```

⑥
```
16)151
```

わり算の筆算（÷2けた）（11）

月　日

✳ 次の計算をしましょう。

①

$$45\overline{)585}$$

②

$$72\overline{)864}$$

③

$$22\overline{)242}$$

④

$$68\overline{)748}$$

24 わり算の筆算（÷2 けた）（12）

* 次の計算をしましょう。

①

$$12\overline{)398}$$

②

$$32\overline{)844}$$

③

$$38\overline{)878}$$

④

$$21\overline{)466}$$

わり算の筆算 （÷2 けた）（13）

✻　次の計算をしましょう。

①

$$39\overline{)897}$$

②

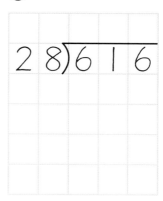

$$28\overline{)616}$$

③

$$38\overline{)912}$$

④

$$49\overline{)784}$$

わり算の筆算 （÷2けた）（14）

✳ 次の計算をしましょう。

①

```
2 6)8 2 4
```

②

```
3 6)9 5 1
```

③

```
3 8)9 9 8
```

④

```
2 7)4 2 8
```

わり算の筆算（÷2けた）（15）

8÷2=4……①と 24÷6=4……②のようなわり算があります。①のわられる数8を3倍して24、①のわる数2を3倍して6になります。わられる数、わる数をそれぞれ3倍して②の式になっても商は4で変わりません。

わり算では、わられる数と、わる数に同じ数をかけても、0以外の同じ数でわっても商は変わりません。

例えば、250÷50のとき、わられる数とわる数を10でわって 25÷5として計算しても商は同じです。

＊ 次の計算をしましょう。

① 60)840

② 40)2120

わり算の筆算（÷2けた）（16）

月　日

1　240 ÷ 60 と商が等しい式はどれですか。

① 24 ÷ 6　　② 240 ÷ 6　　③ 80 ÷ 2

④ 120 ÷ 30　　⑤ 2400 ÷ 60

答え＿＿＿＿＿＿＿＿

2　340 このりんごを、1 箱に 24 こずつつめると、何箱できて、何こあまりますか。

式

答え＿＿＿＿＿＿＿＿

3　ある数を 28 でわったら商が 16 であまりは 14 です。

①　ある数を求めましょう。

式

答え＿＿＿＿＿＿＿＿

②　この数を 42 でわると、答えはどうなりますか。

式

答え＿＿＿＿＿＿＿＿

29 角の大きさ（1）

　角の大きさをはかるときに **分度器** を使います。直角を90等分した1こ分の角の大きさを **1度** といい、**1°** とかきます。

　角の大きさをはかるときにはアを分度器の中心にあて、直線アイと0°の線をあわせて角イアウの大きさをはかります。

　図は 45° です。

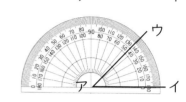

＊ 分度器を使って、角度をはかりましょう。

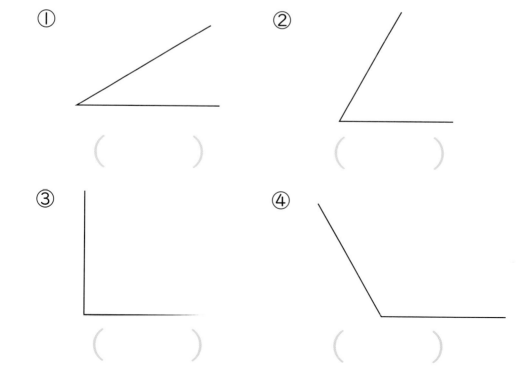

①

（　　　　）

②

（　　　　）

③

（　　　　）

④

（　　　　）

角の大きさ（2）

✳ 分度器を使って、角度をはかりましょう。

①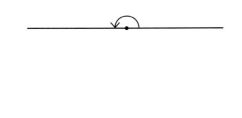

( )

②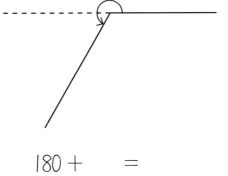

180 ＋ 　 ＝

( )

③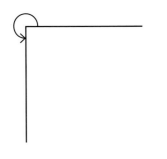

( )

④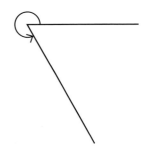

( )

角の大きさ（3）

月　　日

✳ 次の角度をかきましょう。

① 45°　　　　　　　　　　　② 80°

③ 135°

④ 200°

角の大きさ（4）

月　日

＊ 三角じょうぎでできる次の角度は何度ですか。

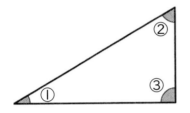

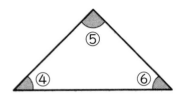

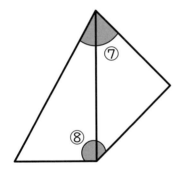

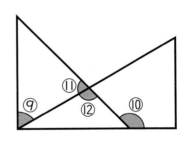

①		②		③	
④		⑤		⑥	
⑦		⑧		⑨	
⑩		⑪		⑫	

がい数 （1）

がい数をつくるとき、ある位の数字が

　　　5、6、7、8、9のとき、**切り上げ**

　　　0、1、2、3、4のとき、**切りすて**

を **四捨五入する** という。

1　十の位を四捨五入して、百の位までのがい数にしましょう。

① 3216 （　　　　　　）　　② 4361 （　　　　　　）

③ 7489 （　　　　　　）　　④ 5923 （　　　　　　）

2　百の位を四捨五入して、千の位までのがい数にしましょう。

① 2356 （　　　　　　）　　② 3729 （　　　　　　）

③ 8934 （　　　　　　）　　④ 5251 （　　　　　　）

3　万の位までのがい数にしましょう。

① 32456 （　　　　　　）

② 57690 （　　　　　　）

③ 154991 （　　　　　　）

④ 279325 （　　　　　　）

34 がい数（2）

　4501 を上から 1 けたのがい数にするときは、上から 2 けた目を四捨五入します。

1 四捨五入して、上から 1 けたのがい数にしましょう。

① 1620　（　　　　　　）　② 3499　（　　　　　　）

③ 8823　（　　　　　　）　④ 7123　（　　　　　　）

2 四捨五入して、上から 2 けたのがい数にしましょう。

① 456092　　　　　　（　　　　　　　　）

② 374213　　　　　　（　　　　　　　　）

③ 6879523　　　　　（　　　　　　　　）

④ 7412356　　　　　（　　　　　　　　）

3 一の位を四捨五入して、240 になるものを選びましょう。

① 238　　② 233　　③ 241　　④ 250
⑤ 245　　⑥ 231　　⑦ 239　　⑧ 240

答え _____

がい数（3）

以上（いじょう）…ある数をふくんで、それよりも大きい数
以下（いか）…ある数をふくんで、それよりも小さい数
未満（みまん）…ある数に満たない（ある数より小さい）数
をさします。

✳ 1～10の数について、次の数を整数でかきましょう。

① 6以上

（　　　　　　　　　　　　）

② 5以下

（　　　　　　　　　　　　）

③ 9以上

（　　　　　　　　　　　　）

④ 3以上、8以下

（　　　　　　　　　　　　）

⑤ 3以上、8未満

（　　　　　　　　　　　　）

見積もり（1）

月　　日

1　8800円のズボンと、5200円のシャツを買いました。
上から1けたのがい数で表し、およそのねだんを見積もりましょう。

ズボン　8800　→　約
シャツ　5200　→　約

式

答え _____

2　25200円のカメラと、11700円のうで時計を買いました。上から2けたのがい数で表し、およそのねだんを見積もりましょう。

式

答え _____

37 見積もり（2）

1 7060円のズボンを買い、1万円を出しました。四捨五入して上から1けたのがい数で表し、およそのおつりの金がくを見積もりましょう。

ズボン　7060　→　約

式

答え _____

2 62800円のエアコンと、25200円のカメラがあります。上から2けたのがい数で表し、およその金がくのちがいを見積もりましょう。

式

答え _____

38　見積もり（3）

1　子ども会の遠足で 310 円のおかしを、29 人分用意します。上から 1 けたのがい数で表し、おかしの代金を見積もりましょう。

おかし　310　→　約

人　数　29　→　約

式

答え＿＿＿＿＿＿＿＿＿＿

2　48 人でバスを使って旅行をします。バス 1 台をかりるのに 59800 円かかります。上から 1 けたのがい数で表し、1 人あたりの金がくを見積もりましょう。

バス代　59800　→　約

人　数　48　　→　約

式

答え＿＿＿＿＿＿＿＿＿＿

小　数　（1）

月　　　日

1 小数で表しましょう。

① 1643m　　　　　　　（　　　　　）km

② 501m　　　　　　　（　　　　　）km

③ 2348g　　　　　　　（　　　　　）kg

④ 23g　　　　　　　　（　　　　　）kg

2 □ にあてはまる数をかきましょう。

① 2.43 は、| を ☐ こ、0.1 を ☐ こ、0.01 を

☐ こ集めた数です。

② 0.69 は、| を ☐ こ、0.1 を ☐ こ、0.01 を

☐ こ集めた数です。

③ |×3＋0.1×7＋0.01×4＝ ☐

④ |×0＋0.1×8＋0.01×9＝ ☐

40 小　数（2）

1 ①から④の数をかきましょう。

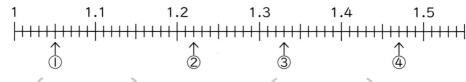

① (　　　　　　)　　　② (　　　　　　)

③ (　　　　　　)　　　④ (　　　　　　)

2 大きい順にならべましょう。

① 2.36　　2.41　　2.39　　2.31

(　　　　⇒　　　　⇒　　　　⇒　　　　)

② 3.55　　3.57　　3.49　　3.56

(　　　　⇒　　　　⇒　　　　⇒　　　　)

3 100 倍した数をかきましょう。

① 2.38 (　　　　)　　② 45.9 (　　　　)

③ 0.18 (　　　　)　　④ 0.08 (　　　　)

4 $\frac{1}{10}$ の数をかきましょう。

① 2.24 (　　　　)　　② 37.5 (　　　　)

③ 0.11 (　　　　)　　④ 0.05 (　　　　)

41 小　数 （3）

＊ 次の計算をしましょう。

①
```
  2.46
+ 4.83
```

②
```
  5.07
+ 3.49
```

③
```
  2.39
+ 3.87
```

④
```
  4.56
+ 1.76
```

⑤
```
  4.67
+ 2.33
```

⑥
```
  0.26
+ 0.34
```

小　数 (4)

＊　次の計算をしましょう。

①
```
    8.46
ー  4.23
```

②
```
    5.67
ー  3.49
```

③
```
    9.34
ー  3.87
```

④
```
    4.53
ー  1.76
```

⑤
```
    4.67
ー  3.87
```

⑥
```
    6.24
ー  0.34
```

分 数 （1）

$\frac{2}{3}$ や $\frac{3}{4}$ のように、分子が分母より小さい分数を 真分数 といい、$\frac{3}{3}$ や $\frac{5}{4}$ のように、分子が分母と同じか、分子が分母より大きい分数を 仮分数 といいます。

また、$1\frac{2}{3}$ や $2\frac{1}{4}$ のように、整数と真分数で表された分数を 帯分数 といいます。

＊ 次の分数を真分数、仮分数、帯分数に分けましょう。

$$\frac{2}{3} \quad \frac{6}{5} \quad 1\frac{1}{7} \quad \frac{2}{9} \quad 2\frac{1}{4} \quad \frac{7}{4}$$

真分数 （　　　　） 　　仮分数 （　　　　）

帯分数 （　　　　）

帯分数を仮分数にするには

$$2\frac{3}{4} = \frac{\square}{4} \quad \leftarrow 4 \times 2 + 3 = \boxed{11}$$

仮分数を帯分数にするには

$$\frac{11}{4} = 2\frac{\square}{4} \quad \leftarrow 11 \div 4 = 2 \text{あまり} \boxed{3}$$

44 分　数 (2)

1 帯分数を仮分数に直しましょう。

① $2\frac{1}{5} =$　　　② $2\frac{5}{6} =$

③ $3\frac{2}{7} =$　　　④ $3\frac{3}{4} =$

⑤ $1\frac{3}{4} =$　　　⑥ $4\frac{3}{5} =$

⑦ $2\frac{1}{6} =$　　　⑧ $1\frac{1}{5} =$

2 仮分数を帯分数に直しましょう。

① $\frac{8}{3} =$　　　② $\frac{7}{4} =$

③ $\frac{11}{4} =$　　　④ $\frac{8}{5} =$

⑤ $\frac{12}{5} =$　　　⑥ $\frac{13}{6} =$

⑦ $\frac{7}{2} =$　　　⑧ $\frac{19}{7} =$

分　数（3）

✳ 次の計算をしましょう。仮分数は帯分数にしましょう。

① $\dfrac{1}{3} + \dfrac{1}{3} =$

② $\dfrac{1}{5} + \dfrac{2}{5} =$

③ $\dfrac{5}{6} + \dfrac{1}{6} =$

④ $\dfrac{2}{5} + \dfrac{3}{5} =$

⑤ $\dfrac{3}{5} + \dfrac{4}{5} =$

⑥ $\dfrac{6}{8} + \dfrac{3}{8} =$

⑦ $1\dfrac{1}{3} + 2\dfrac{1}{3} =$

⑧ $1\dfrac{2}{7} + 2\dfrac{4}{7} =$

分　数（4）

✱　次の計算をしましょう。

① $\dfrac{2}{3} - \dfrac{1}{3} =$

② $\dfrac{3}{5} - \dfrac{2}{5} =$

③ $1 - \dfrac{1}{6} =$

④ $1 - \dfrac{3}{5} =$

⑤ $\dfrac{7}{5} - \dfrac{4}{5} =$

⑥ $\dfrac{10}{8} - \dfrac{3}{8} =$

⑦ $3\dfrac{2}{3} - 2\dfrac{1}{3} =$

⑧ $3\dfrac{2}{7} - 2\dfrac{1}{7} =$

面 積 （1）

　|辺が|cm の正方形の面積を **|平方センチメートル** といって |cm² とかきます。|辺が|cm の正方形が何こあるかで面積を表します。

1cm
1cm

＊　次の面積を求めましょう。

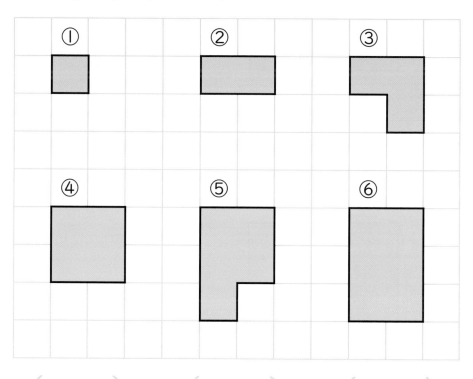

① (　　　　　)　② (　　　　　)　③ (　　　　　)

④ (　　　　　)　⑤ (　　　　　)　⑥ (　　　　　)

48 面　積（2）

長方形の面積＝たて×横　　正方形の面積＝１辺×１辺

✳ 次の図形の面積を求めましょう。

①
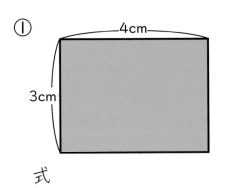

式

答え _____

② たてが７cm、横が９cm の長方形

式

答え _____

③
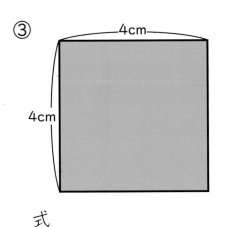

式

答え _____

④ １辺が 10cm の正方形

式

答え _____

面　積（3）

＊　次の図形の面積を2つに分けて求めましょう。

①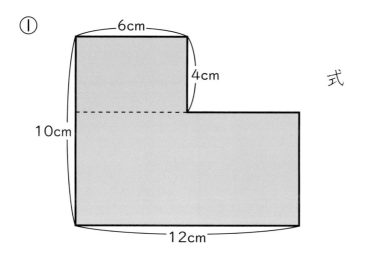

式

答え

②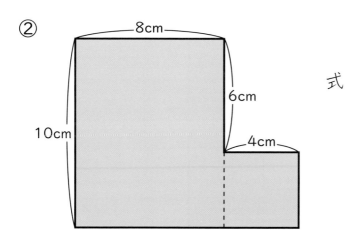

式

答え

50 面　積（4）

＊ 次の図形の面積を、全体から不要なところをのぞく方法で求めましょう。

①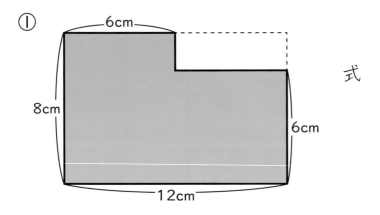

式

答え _____

②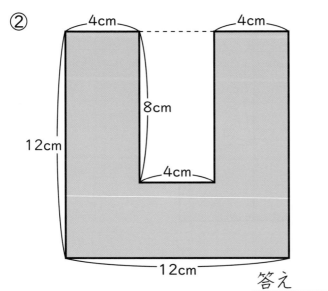

式

答え _____

面 積 (5)

月 日

１辺が１ｍの正方形の面積を　１平方メートル　といって　１m² とかきます。

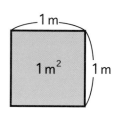

1m

1m² 1m

✳ 次の長方形の面積を求めましょう。

①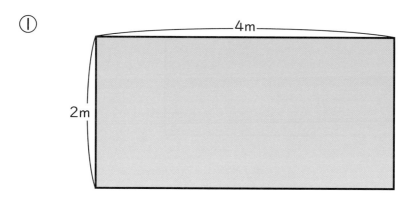

4m

2m

式

答え _____

② たてが 11m、横が 12m の長方形の畑。

式

答え _____

月　日

面　積（6）

＊ 次の正方形の面積を求めましょう。

①

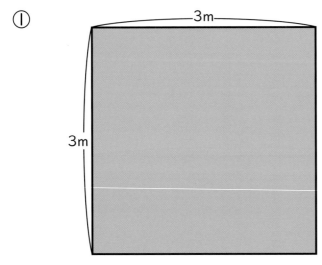

式

答え _____

② １辺の長さが 13m の正方形の畑。

式

答え _____

月　　日

1 1 m² は何 cm² ですか。

1 m は 100cm なので

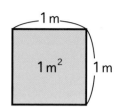

$1 (m^2) = 1 (m) \times 1 (m)$

$= \boxed{} (cm) \times \boxed{} (cm)$

$= \boxed{} (cm^2)$

答え

2 次の図形の面積は、何 cm² で、何 m² ですか。

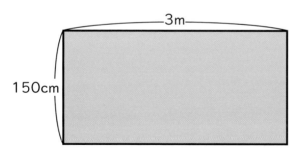

3m

150cm

式　3 m ＝ 300cm だから

答え

1辺が 10m の正方形の面積を 1アール といって、1a とかきます。

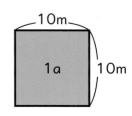

＊ 次の面積は何 m² ですか。また、それは何 a ですか。

①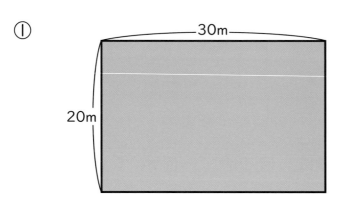

式

答え 　　　　　、

② たてが 50m、横が 60m の長方形の畑。

式

答え 　　　　　、

面　積（9）

月　　日

　1辺が 100m の正方形の面積を 1ヘクタール といって、1ha とかきます。

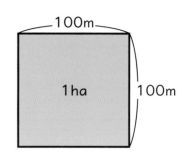

＊　次の面積は何 m² ですか。また、それは何 ha ですか。

①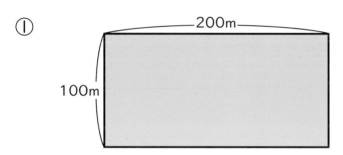

　式

　　　　　　　　　　　答え　＿＿＿＿＿＿＿＿　、＿＿＿＿＿＿＿

②　1辺が 400m の正方形の畑。

　式

　　　　　　　　　　　答え　＿＿＿＿＿＿＿＿　、＿＿＿＿＿＿＿

面　積　(10)

| 辺が | km の正方形の面積を
| 平方キロメートル といい、
| km² とかきます。

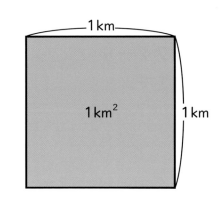

1km
1km²
1km
1km

1 次の図形の面積を求めましょう。

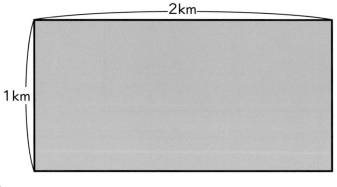

2km
1km

式

答え _____

2 | km² は、何 m² ですか。

式　| km=1000m だから

答え _____

折れ線グラフと表 (1)

月　　　日

＊　次のグラフは、１日の気温の変化を表したものです。

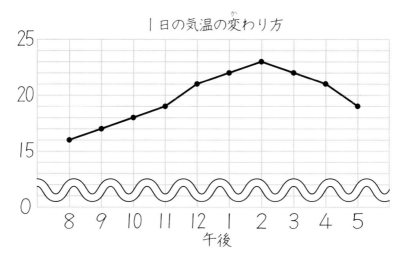

１日の気温の変わり方

① 午前８時の気温は何度ですか。

答え _____

② 気温の上がり方が大きいのは何時から何時ですか。

答え _____

③ 最高気温は何度ですか。

答え _____

④ 気温が下がりはじめるのは何時ですか。

答え _____

折れ線グラフと表（2）

月　日

✳　次の表は 2020 年度東京都の月別平均気温です。

月	1	2	3	4	5	6	7	8	9	10	11	12
温度	7	8	11	13	20	23	24	29	24	18	14	8

折れ線グラフをかきましょう。

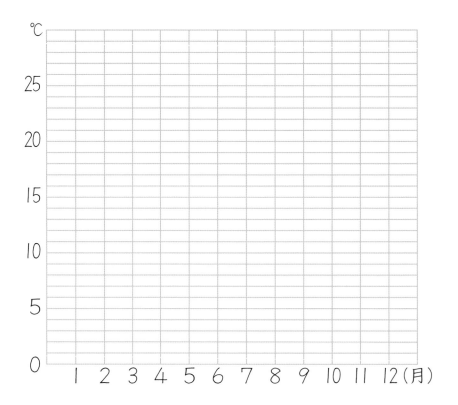

59 折れ線グラフと表（3）

＊　けがをした人を一らん表にしました。

打ぼく	体育館	すりきず	体育館	切りきず	校庭
すりきず	体育館	切りきず	教室	打ぼく	校庭
すりきず	校庭	打ぼく	体育館	ねんざ	校庭
すりきず	校庭	すりきず	校庭	打ぼく	教室
すりきず	体育館	ねんざ	体育館	すりきず	校庭

①　下の表に整理しましょう。

	校庭	体育館	教室	合計
すりきず				
打ぼく				
切りきず				
ねんざ				
合計				

② 合計をかきましょう。

③ どんなけがをした人が多いですか。

答え

＊　イヌとネコの好き（〇）きらい（×）を調べました。

番号	イヌ	ネコ	番号	イヌ	ネコ	番号	イヌ	ネコ
1	〇	〇	2	×	〇	3	〇	×
4	×	〇	5	×	×	6	〇	×
7	〇	×	8	〇	〇	9	×	×
10	×	〇	11	×	〇	12	×	〇
13	〇	×	14	〇	×	15	〇	〇
16	〇	〇	17	×	〇	18	×	×
19	〇	×	20	〇	〇	21	〇	×

次の表にまとめましょう。

		イヌ 好き	イヌ きらい	合計
ネコ	好き			
ネコ	きらい			
合計				

小数のかけ算・わり算（1）

0.3L のペットボトル6本分は何L か考えます。

0.3L は 0.1L が 3 こ分だから、0.1 をもとに考えると
3×6＝18　　0.1L が 18 こ分で、1.8L になります。

小数×整数は、小数点を考えないで、整数のかけ算をして、かけられる数にそろえて、積の小数点を打ちます。

✳ 次の計算をしましょう。

①
```
    3.7
×     4
```

②
```
    1.8
×     6
```

③
```
    2.9
×     5
```

④
```
   15.2
×     3
```

⑤
```
   21.4
×     7
```

62 小数のかけ算・わり算（2）

✳ 次の計算をしましょう。

①
$$\begin{array}{r} 7.8 \\ \times\ 32 \\ \hline \end{array}$$

②
$$\begin{array}{r} 2.8 \\ \times\ 45 \\ \hline \end{array}$$

③
$$\begin{array}{r} 3.26 \\ \times\ 43 \\ \hline \end{array}$$

④
$$\begin{array}{r} 4.65 \\ \times\ 26 \\ \hline \end{array}$$

小数のかけ算・わり算（3）

　　3.6 ÷ 3 を考えます。3.6 は 0.1 が 36 こ分。0.1 をもとに考えると、36 ÷ 3 = 12　0.1 が 12 こで 1.2 です。

　　これを筆算ですると、次のようになります。

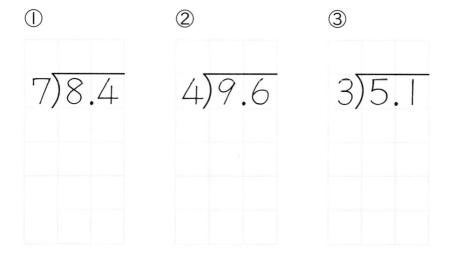

＊　次の計算をしましょう。

①

$$7 \overline{)8.4}$$

②

$$4 \overline{)9.6}$$

③

$$3 \overline{)5.1}$$

小数のかけ算・わり算（4）

月　　日

✳︎ 次の計算をしましょう。

①
$$2 \overline{)35.6}$$

②
$$5 \overline{)65.5}$$

③
$$4 \overline{)85.6}$$

④
$$36 \overline{)64.8}$$

⑤
$$24 \overline{)38.4}$$

小数のかけ算・わり算（5）

月　日

1 商は一の位まで求め、あまりを出しましょう。

①

②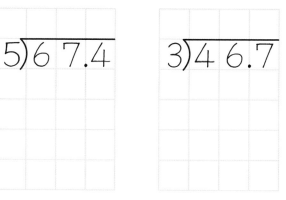

③

2 わり切れるまで計算しましょう。

①

②

③

66 小数のかけ算・わり算（6）

1 小数第 2 位を四捨五入して、小数第 1 位まで求めましょう。

① 3.57 （　　　　　）　　② 3.42 （　　　　　）

③ 3.29 （　　　　　）　　④ 3.14 （　　　　　）

2 商は、四捨五入して、小数第 1 位まで求めましょう。

①

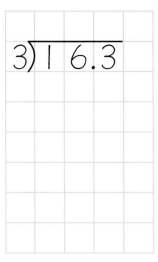

②

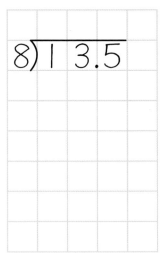

商は

（　　　　　）　　（　　　　　）

計算のきまり（1）

1　あきらさんは、220円のおかしと、130円のお茶を買いました。

①　おかしとお茶の代金を式で表しましょう。

式

②　500円を出しました。（　）を使って、おつりを1つの式で表しましょう。

式

答え _____

（　）のある計算は、（　）の中を先に計算します。

2　次の計算をしましょう。

①　$1000 - (300 + 600) =$

②　$23 \times (55 - 45) =$

③　$60 \div (43 - 23) =$

68 計算のきまり（2）

式の中のかけ算やわり算は、たし算やひき算より先に計算します。

* 次の計算をしましょう。

① $20 + 12 \times 5 =$

② $70 - 50 \div 5 =$

③ $90 - 2 \times 25 =$

④ $20 + 28 \div 7 =$

⑤ $82 + 4 \times 15 =$

⑥ $80 - 16 \times 3 =$

⑦ $2300 - 25 \times 8 =$

⑧ $320 - 75 \div 3 =$

⑨ $1760 - 20 \times 60 =$

⑩ $1238 + 108 \div 9 =$

計算のきまり（3）

交かんのきまり　　　□＋○＝○＋□

　　　　　　　　　　□×○＝○×□

結合のきまり　（□＋○）＋△＝□＋（○＋△）

　　　　　　　（□×○）×△＝□×（○×△）

* 計算のきまりを使って、くふうしましょう。

① 36 ＋ 97 ＋ 3 ＝

② 47 ＋ 186 ＋ 23 ＝

③ 13 × 25 × 4 ＝

④ 125 × 13 × 8 ＝

⑤ 28 × 25 ＝

⑥ 25 × 36 ＝

70 計算のきまり（4）

分配のきまり　（□＋○）×△＝□×△＋○×△
　　　　　　　（□－○）×△＝□×△－○×△

1 次の計算をしましょう。

① （7＋8）×10＝

② 7×10＋8×10＝

③ （12－2）×9＝

④ 12×9－2×9＝

2 計算のきまりを使って、くふうしましょう。

① 102×24＝（100＋　　）×24
　　　　　　＝2400＋
　　　　　　＝

② 98×6＝（100－　　）×6
　　　　　＝600－
　　　　　＝

71 垂直と平行 (1)

　２本の直線が交わってできる角が直角のとき、この２本の直線は **垂直である** といいます。

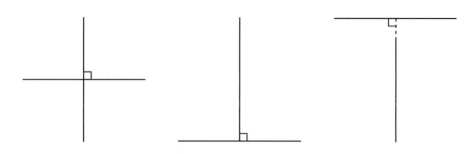

　２本の直線が交わっていなくても、直線をのばすと直角に交わるときも垂直であるといいます。

* 直線Ⓐに垂直な直線はどれですか。

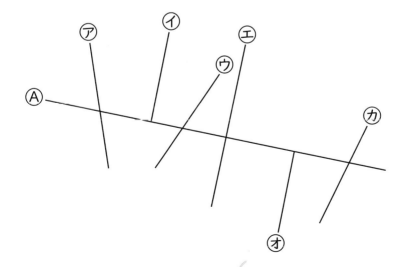

（　　　　）

月　日

垂直と平行 （2）

　点アを通り、直線Ａに垂直な
直線は、右のようにかきます。

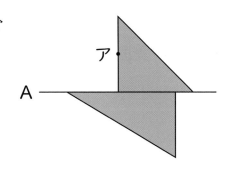

ア・

A

* 点アを通り、直線Ａに垂直な直線をかきましょう。

① 　　　　　　　　ア・

A ────────────────

② 　　　　　　　　　A

ア
・

73 垂直と平行（3）

　　１本の直線に垂直な
２本の直線は、**平行で
ある** といいます。２
本の平行線に垂直でな
い直線が交わるとき、
交わる角度は等しくなります。

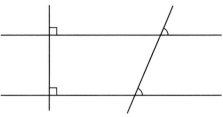

* 　次の図で平行になっている直線は、どれとどれですか。
　　記号で答えましょう。

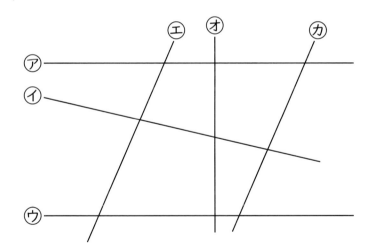

（　　　　　　　　　　）

垂直と平行 (4)

　点アを通り、直線Aに平行な直線は、右のようにかきます。

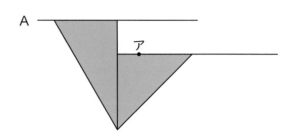

＊　点アを通り、直線Aに平行な直線をかきましょう。

①

ア・

A ————————————————

②

A

ア
・

いろいろな四角形（1）

　向かい合った2組の辺が平行な四角形を、**平行四辺形**（へいこうしへんけい）といいます。

　平行四辺形の、向かい合った辺の長さは等しく、向かい合った角の大きさも等しくなっています。

1　右の平行四辺形で、辺AD、辺CDの長さは何cmですか。また、角C、角Dの大きさは何度ですか。

A 130°
3cm
B 50°
6cm
C
D

（　辺 AD　　　　辺 CD　　　　　角 C　　　　　角 D　　　）

2　右の平行四辺形で、辺 AB、辺 BC の長さは何 cm ですか。また、角 A、角 B の大きさは何度ですか。

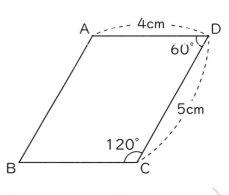

（　辺 AB　　　　辺 BC　　　　　角 A　　　　　角 B　　　）

いろいろな四角形（2）

1 続きをかいて、平行四辺形をしあげましょう。

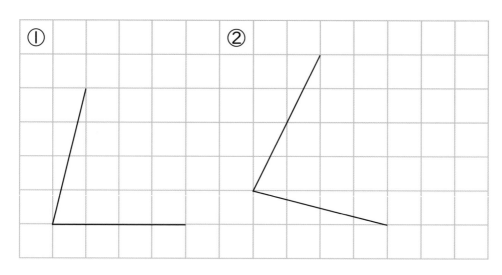

2 続きをかいて、平行四辺形をしあげましょう。

① 　　　　　　　　　　　　　　　②

いろいろな四角形（3）

向かい合った１組の辺が平行な四角形を、**台形** といいます。

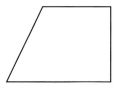
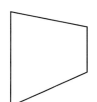

1　続きをかいて、台形をしあげましょう。

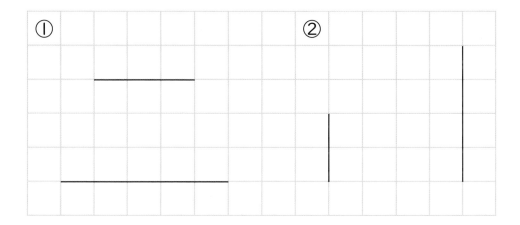

① 　　　　　　　　　　　　②

2　ＡＤ平行ＢＣで、ＡＢ＝５cm、ＢＣ−６cm、角Ｂ＝60°、ＡＤ＝３cm の台形をかきましょう。

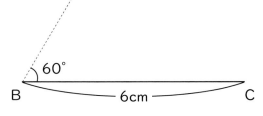

78 いろいろな四角形（4）

　辺の長さがすべて等しい四角形を **ひし形** といいます。ひし形の向かい合った辺は平行で、向かい合った角は等しくなります。

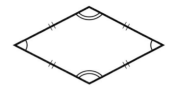

1 続きをかいて、ひし形をしあげましょう。

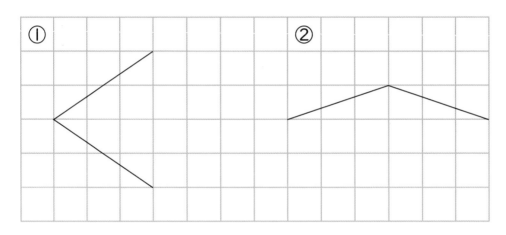

① ②

2 １辺の長さが４cmで、ちょう点の角度が30°のひし形をかきましょう。

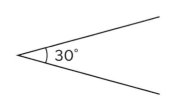

30°

立体図形（1）

長方形だけでかこまれた形や、長方形と正方形でかこまれた形を **直方体** といいいます。

正方形だけでかこまれた形を **立方体** といいます。

直方体や立方体のことを **立体** といいます。

直方体のまわりの面のように、平らな面のことを **平面** といいます。

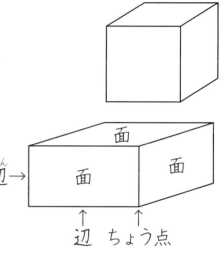

辺→

面

面

面

↑
辺

↑
ちょう点

＊ 直方体の面の数、辺の数、ちょう点の数を調べましょう。

① 面の数は何こですか。　　　　　（　　　　　　　）

② 辺の数は何本ですか。　　　　　（　　　　　　　）

③ ちょう点の数は何こですか。　　（　　　　　　　）

80 立体図形（2）

1 立方体の面の数、辺の数、ちょう点の数を調べましょう。

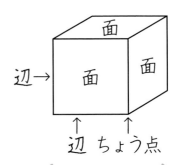

① 面の数は何こですか。 （　　　　　）

② 辺の数は何本ですか。 （　　　　　）

③ ちょう点の数は何こですか。 （　　　　　）

2 3つの辺の長さが図のような直方体があります。

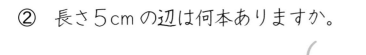

① たて2cm、横3cmの長方形は何こありますか。 （　　　　　）

② 長さ5cmの辺は何本ありますか。

（　　　　　）

③ 長さ2cmの辺は何本ありますか。

（　　　　　）

立体図形（3）

　直方体や立方体などの全体の形がわかるようにかいた図を **見取図** といいます。

　見取図で見えない辺は点線でかきます。

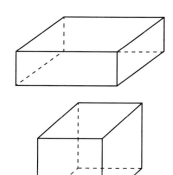

＊ 続きをかいて、見取図をしあげましょう。

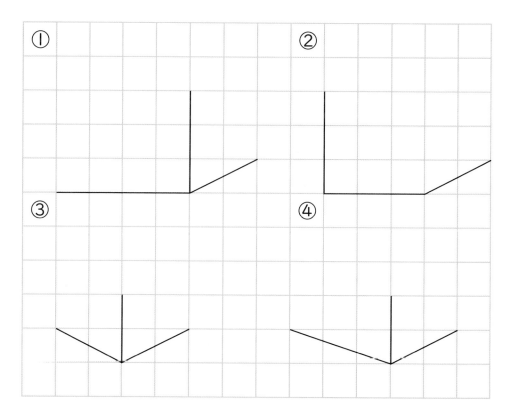

立体図形（4）

月　　日

直方体や立方体などを
辺にそって切り開いて、
平面の上に広げた図を
展開図といいます。

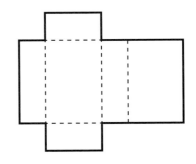

* １辺の長さが３cm の立方体があります。この立方体の
展開図をかきましょう。

立体図形（5）

＊　直方体 ABCD-EFGH について

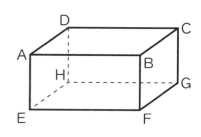

①　面 ABCD に平行な面は
どこですか。

（　　　　　　　）

②　面 ABCD に垂直な面はどこですか。

（　　　　　　　）（　　　　　　　）

（　　　　　　　）（　　　　　　　）

③　面 ABCD に平行な辺はどこですか。

（　　　　　　　）（　　　　　　　）

（　　　　　　　）（　　　　　　　）

④　面 ABCD に垂直な辺はどこですか。

（　　　　　　　）（　　　　　　　）

（　　　　　　　）（　　　　　　　）

⑤　辺 AB に平行な面はどこですか。

（　　　　　　　）（　　　　　　　）

⑥　辺 AB に垂直な面はどこですか。

（　　　　　　　）（　　　　　　　）

84 立体図形（6）

1 直方体 ABCD-EFGH について

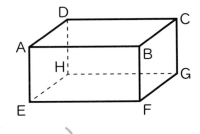

① 辺 AB に平行な辺は
　どこですか。

(　　　　　　) (　　　　　　)

(　　　　　　)

② 辺 AB に垂直な辺はどこですか。

(　　　　　　) (　　　　　　)

(　　　　　　) (　　　　　　)

2 右の直方体で、ちょう点 E をもとにして、点 B、点 C を表しましょう。

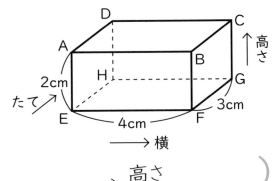

点 B

(横　　　　　、たて　　　　　、高さ　　　　　)

点 C

(横　　　　　、たて　　　　　、高さ

変わり方（1）

✳ 1辺の長さが1cmの正三角形を、図のように一列にならべます。

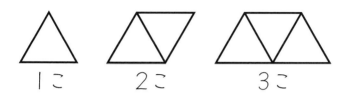

1こ　　　2こ　　　　3こ

① 正三角形の数と周りの長さを、下の表にまとめましょう。

正三角形の数（こ）	1	2	3	4	5	6
周りの長さ（cm）						

② 正三角形の数を□、周りの長さを○cmとして式に表しましょう。

式

③ 正三角形が18このとき、周りの長さを求めましょう。

式

（　　　　　）

変わり方 (2)

＊　1辺が1cmの正方形を、図のようにならべて階だんをつくります。

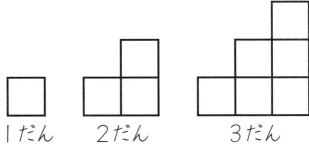

1だん　　2だん　　　3だん

①　だんの数と周りの長さを、下の表にまとめましょう。

だんの数 (だん)	1	2	3	4	5	6
周りの長さ (cm)						

②　だんの数を□、周りの長さを○cmとして、式に表しましょう。

　式

③　だんの数が20のとき、周りの長さを求めましょう。

　式

（　　　　　）

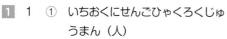

1 1 ① いちおくにせんごひゃくろくじゅうまん（人）
　　② 一億二千五百六十万（人）
　2 9876543210

2 ① 7567809214
　② 13850708000
　③ 97506800500000
　④ 780385207000000

3 1 ① 280 億
　　② 6800 億
　　③ 7 兆 6200 億
　　④ 86 兆 2000 億
　2 ① 30 億
　　② 400 億
　　③ 8 兆 5000 億
　　④ 350 兆

4 1 ① 1 億 6000 万
　　② 32 億
　　③ 860 億
　　④ 9300 億
　2 ① 40 万
　　② 5300 万
　　③ 48 億
　　④ 542 億
　3 ① 210 億
　　② 9203 億
　　③ 59 兆
　　④ 873 兆

5 ①
```
    1 9
 4)7 6
   4
   3 6
   3 6
       0
```
②
```
    2 1
 3)6 3
   6
     3
     3
       0
```
③
```
    2 1
 4)8 4
   8
     4
     4
       0
```

6 ① 18 あまり 3　② 27 あまり 1
　③ 23 あまり 1　④ 21 あまり 2
　⑤ 34 あまり 1　⑥ 11 あまり 1

7 ① 147　② 189
　③ 187　④ 134
　⑤ 142　⑥ 132

8 ① 174 あまり 1　② 197 あまり 2
　③ 481 あまり 1　④ 268 あまり 1
　⑤ 284 あまり 1　⑥ 147 あまり 1

9 ① 204　② 206
　③ 107　④ 304
　⑤ 105　⑥ 107

10 ① 120　② 160
　③ 420　④ 160
　⑤ 210　⑥ 130

11 ① 34　② 37
　③ 45　④ 46
　⑤ 64　⑥ 69

12	①	17 あまり 1	②	17 あまり 6
	③	18 あまり 2	④	39 あまり 2
	⑤	25 あまり 2	⑥	59 あまり 2

13	①	4	②	4
	③	2	④	2
	⑤	2	⑥	4

14	①	3 あまり 2	②	4 あまり 5
	③	3 あまり 1	④	2 あまり 10
	⑤	2 あまり 11	⑥	3 あまり 3
	⑦	2 あまり 17	⑧	4 あまり 2
	⑨	4 あまり 1		

15	①	3 あまり 2	②	2 あまり 8
	③	2 あまり 8	④	2 あまり 23
	⑤	2 あまり 13	⑥	4 あまり 7
	⑦	2 あまり 5	⑧	2 あまり 17
	⑨	3 あまり 15		

16	①	1 あまり 15	②	3 あまり 12
	③	2 あまり 14	④	5 あまり 11
	⑤	2 あまり 27	⑥	2 あまり 13
	⑦	3 あまり 7	⑧	3 あまり 11
	⑨	2 あまり 14		

17	①	8	②	6
	③	3	④	7
	⑤	4	⑥	3

18	①	3 あまり 18	②	2 あまり 39
	③	4 あまり 9	④	6 あまり 9
	⑤	7 あまり 19	⑥	5 あまり 17

19	①	8	②	5
	③	8	④	6
	⑤	8	⑥	8

20	①	4 あまり 6	②	4 あまり 7
	③	8 あまり 13	④	8 あまり 1
	⑤	4 あまり 3	⑥	8 あまり 11

21	①	9	②	9
	③	9	④	9
	⑤	9	⑥	9

22	①	9 あまり 29	②	9 あまり 39
	③	9 あまり 17	④	9 あまり 50
	⑤	9 あまり 39	⑥	9 あまり 7

23	①	13	②	12
	③	11	④	11

24	①	33 あまり 2	②	26 あまり 12
	③	23 あまり 4	④	22 あまり 4

25	①	23	②	22
	③	24	④	16

26	①	31 あまり 18	②	26 あまり 15
	③	26 あまり 10	④	15 あまり 23

27	①	14	②	53

28
1　①、④
2　340 ÷ 24 = 14 あまり 4
　　　　　　　14 箱できて 4 こあまる
3　①　28 × 16 + 14 = 462
　　　　　　　　　　　　462
　　②　462 ÷ 42 = 11
　　　　　　　　　　　　11

29　①　30°　　②　60°
　　③　90°　　④　120°

30　①　180°　　②　240°
　　③　270°　　④　300°

31　①　45°　　　　②　80°

　　③　135°

　　④　200°

32　①　30°　　②　60°　　③　90°
　　④　45°　　⑤　90°　　⑥　45°
　　⑦　75°　　⑧　135°　　⑨　60°
　　⑩　135°　⑪　75°　　⑫　105°

33
1　①　3200　　②　4400
　　③　7500　　④　5900
2　①　2000　　②　4000
　　③　9000　　④　5000
3　①　30000
　　②　60000
　　③　150000
　　④　280000

34
1　①　2000　　②　3000
　　③　9000　　④　7000
2　①　460000
　　②　370000
　　③　6900000
　　④　7400000
3　①、③、⑦、⑧

35　①　6、7、8、9、10
　　②　1、2、3、4、5
　　③　9、10
　　④　3、4、5、6、7、8
　　⑤　3、4、5、6、7

36
1　ズボン約 9000 円
　　シャツ約 5000 円
　　9000 + 5000 = 14000
　　　　　　　　およそ 14000 円
2　カメラ　約 25000 円
　　うで時計約 12000 円
　　25000 + 12000 = 37000
　　　　　　　　およそ 37000 円

37　1　ズボン約 7000 円
10000 − 7000 = 3000
およそ 3000 円

2　エアコン約 63000 円
カメラ　約 25000 円
63000 − 25000 = 38000
およそ 38000 円

38　1　おかし約 300 円
人数　約　30 人
300 × 30 = 9000
およそ 9000 円

2　バス代約 60000 円
人数　約 50 人
60000 ÷ 50 = 1200
およそ 1200 円

39　1　① 1.643km
② 0.501km
③ 2.348kg
④ 0.023kg
2　① 2、4、3
② 0、6、9
③ 3.74
④ 0.89

40　1　① 1.05　② 1.22
③ 1.33　④ 1.47
2　① 2.41 → 2.39 → 2.36 → 2.31
② 3.57 → 3.56 → 3.55 → 3.49
3　① 238　② 4590
③ 18　④ 8
4　① 0.224　② 3.75
③ 0.011　④ 0.005

41　① 7.29　② 8.56
③ 6.26　④ 6.32
⑤ 7　⑥ 0.6

42　① 4.23　② 2.18
③ 5.47　④ 2.77
⑤ 0.8　⑥ 5.9

43　真分数　$\dfrac{2}{3}$、$\dfrac{2}{9}$

仮分数　$\dfrac{6}{5}$、$\dfrac{7}{4}$

帯分数　$1\dfrac{1}{7}$、$2\dfrac{1}{4}$

44　1　① $\dfrac{11}{5}$　② $\dfrac{17}{6}$

③ $\dfrac{23}{7}$　④ $\dfrac{15}{4}$

⑤ $\dfrac{7}{4}$　⑥ $\dfrac{23}{5}$

⑦ $\dfrac{13}{6}$　⑧ $\dfrac{6}{5}$

2　① $2\dfrac{2}{3}$　② $1\dfrac{3}{4}$

③ $2\dfrac{3}{4}$　④ $1\dfrac{3}{5}$

⑤ $2\dfrac{2}{5}$　⑥ $2\dfrac{1}{6}$

⑦ $3\dfrac{1}{2}$　⑧ $2\dfrac{5}{7}$

45 ① $\dfrac{2}{3}$　② $\dfrac{3}{5}$

③ $\dfrac{6}{6}=1$　④ $\dfrac{5}{5}=1$

⑤ $\dfrac{7}{5}=1\dfrac{2}{5}$

⑥ $\dfrac{9}{8}=1\dfrac{1}{8}$

⑦ $3\dfrac{2}{3}$　⑧ $3\dfrac{6}{7}$

46 ① $\dfrac{1}{3}$　② $\dfrac{1}{5}$

③ $\dfrac{5}{6}$　④ $\dfrac{2}{5}$

⑤ $\dfrac{3}{5}$　⑥ $\dfrac{7}{8}$

⑦ $1\dfrac{1}{3}$　⑧ $1\dfrac{1}{7}$

47 ① $1\,\text{cm}^2$　② $2\,\text{cm}^2$

③ $3\,\text{cm}^2$　④ $4\,\text{cm}^2$

⑤ $5\,\text{cm}^2$　⑥ $6\,\text{cm}^2$

48 ① $3\times4=12$　　　　12cm^2

② $7\times9=63$　　　　63cm^2

③ $4\times4=16$　　　　16cm^2

④ $10\times10=100$　　100cm^2

49 ① $4\times6=24$

$(10-4)\times12=72$

$24+72=96$　　　96cm^2

② $10\times8=80$

$(10-6)\times4=16$

$80+16=96$　　　96cm^2

50 ① $8\times12=96$

$(8-6)\times(12-6)=12$

$96-12=84$　　　84cm^2

② $12\times12=144$

$8\times4=32$

$144-32=112$　　112cm^2

51 ① $2\times4=8$　　　　　$8\,\text{m}^2$

② $11\times12=132$　　132m^2

52 ① $3\times3=9$　　　　　$9\,\text{m}^2$

② $13\times13=169$　　169m^2

53 1　$100\,(\text{cm})\times100\,(\text{cm})$

$=10000\,(\text{cm}^2)$

10000cm^2

2　$150\times300=45000$

45000cm^2、4.5m^2

54 ① $20\times30=600$

600m^2、$6\,a$

② $50\times60=3000$

3000m^2、$30\,a$

55 ① $100\times200=20000$

20000m^2、$2\,\text{ha}$

② $400\times400=160000$

160000m^2、16ha

56 1　$1\times2=2$　　　　$2\,\text{km}^2$

2　$1\,\text{km}=1000\text{m}$ だから

$1\,\text{km}^2=1000\times1000$

$=1000000\text{m}^2$

1000000m^2

57
① 16度
② 午前11時から12時
③ 23度
④ 午後2時

58

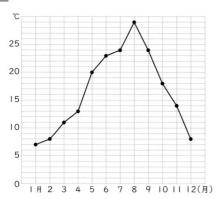

59 ①、②

	校庭		体育館		教室		合計
すりきず	正	4	下	3		0	7
打ぼく	一	1	Т	2	一	1	4
切りきず	一	1		0	一	1	2
ねんざ	一	1	一	1		0	2
合計		7		6		2	15

③ すりきず

60

		イヌ		合計
		好き	きらい	
ネコ	好き	5	6	11
	きらい	7	3	10
	合計	12	9	21

61
① 14.8　② 10.8
③ 14.5　④ 45.6
⑤ 149.8

62
① 249.6　② 126
③ 140.18　④ 120.9

63
① 1.2　② 2.4　③ 1.7

64
① 17.8　② 13.1
③ 21.4　④ 1.8
⑤ 1.6

65　1　① 13あまり2.4
　　　② 15あまり1.7
　　　③ 13あまり6.4
　　2　① 3.5
　　　② 7.2
　　　③ 6.5

66　1　① 3.6　② 3.4
　　　③ 3.3　④ 3.1
　　2　① 5.43 → 5.4
　　　② 1.68 → 1.7

67　1　① 220 + 130 = 350
　　　② 500 − (220 + 130)
　　　　= 500 − 350
　　　　= 150　　　150円
　　2　① 1000 − 900 = 100
　　　② 23 × 10 = 230
　　　③ 60 ÷ 20 = 3

68
① $20 + 60 = 80$
② $70 - 10 = 60$
③ $90 - 50 = 40$
④ $20 + 4 = 24$
⑤ $82 + 60 = 142$
⑥ $80 - 48 = 32$
⑦ $2300 - 200 = 2100$
⑧ $320 - 25 = 295$
⑨ $1760 - 1200 = 560$
⑩ $1238 + 12 = 1250$

69
① $36 + 100 = 136$
② $70 + 186 = 256$
③ $13 \times 100 = 1300$
④ $1000 \times 13 = 13000$
⑤ $7 \times 4 \times 25 = 7 \times 100$
$= 700$
⑥ $25 \times 4 \times 9 = 100 \times 9$
$= 900$

70
1 ① $15 \times 10 = 150$
② $70 + 80 = 150$
③ $10 \times 9 = 90$
④ $108 - 18 = 90$
2 ① $(100 + 2) \times 24$
$= 2400 + 48$
$= 2448$
② $(100 - 2) \times 6$
$= 600 - 12$
$= 588$

71 ⑦、⑦、⑦

72 ①

②

73 ⑦と⑦、⑦と⑦

74 ①

②

75
1 辺AD＝6cm
辺CD＝3cm
角C＝130°、角D＝50°
2 辺AB＝5cm
辺BC＝4cm
角A＝120°、角B＝60°

76 1 ①

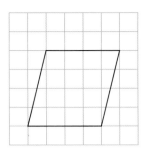

②

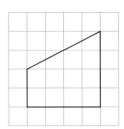

②

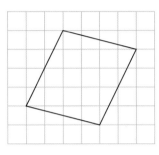

2 ①

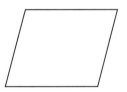

②

2

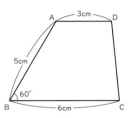

77 1 ①

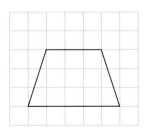

78 1 ①

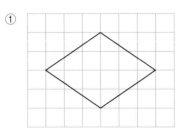

②

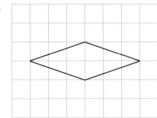

2

79 ① 6こ
② 12本
③ 8こ

1 ① 6こ
    ② 12本
    ③ 8こ
  2 ① 2こ
    ② 4本
    ③ 4本

81 ①
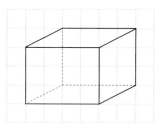

②
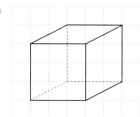

③
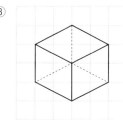

④
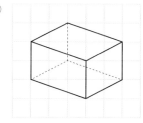

82
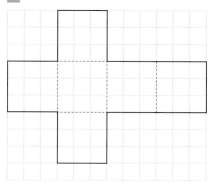

83 ① 面EFGH
   ② 面AEFB
     面BFGC
     面CGHD
     面DHEA
   ③ 辺EF、辺HG
     辺EH、辺FG
   ④ 辺AE、辺BF
     辺CG、辺DH
   ⑤ 面EFGH
     面HGCD
   ⑥ 面AEHD
     面BFGC

84 1 ① 辺EF、辺HG
       辺DC
     ② 辺AD、辺AE
       辺BC、辺BF
   2 点B
     (横4cm、たて0cm、高さ2cm)
     点C
     (横4cm、たて3cm、高さ2cm)

85 ①

正三角形の数(こ)	1	2	3	4	5	6
まわりの長さ(cm)	3	4	5	6	7	8

② ○ = □ + 2

③ 18 + 2 = 20   <u>20cm</u>

86 ①

だんの数(だん)	1	2	3	4	5	6
まわりの長さ(cm)	4	8	12	16	20	24

② ○ = □ × 4

③ 20 × 4 = 80   <u>80cm</u>